FwDV 3
Feuerwehr-Dienstvorschrift 3
Stand: Februar 2008

Einheiten im Lösch- und Hilfeleistungseinsatz

Verlag W. Kohlhammer
Deutscher Gemeindeverlag

Diese Dienstvorschrift wurde vom Ausschuss
Feuerwehrangelegenheiten, Katastrophenschutz
und zivile Verteidigung (AFKzV) auf der 21. Sitzung
am 20. und 21.02.2008 in Kassel genehmigt
und den Ländern zur Einführung empfohlen.

Satz und Druck:
W. Kohlhammer Deutscher Gemeindeverlag GmbH

Druck mit freundlicher Genehmigung des Ausschusses
Feuerwehrangelegenheiten, Katastrophenschutz
und zivile Verteidigung (AFKzV).

2008 · W. Kohlhammer Deutscher Gemeindeverlag GmbH
Verlagsort Stuttgart
ISBN-13: 978-3-555-01435-7

Inhaltsverzeichnis

1	Allgemeines	5
2	Taktische Einheiten	7
2.1	Gliederung der Mannschaft einer Gruppe	8
2.2	Gliederung der Mannschaft einer Staffel	9
2.3	Gliederung der Mannschaft eines Selbstständigen Trupps	10
2.4	Gliederung der Mannschaft eines Zuges	11
3	Sitz- und Antreteordnung	12
3.1	Sitzordnung beim Ausrücken oder nach dem Kommando „Aufsitzen!"	12
3.2	Antreteordnung nach den Kommandos „Absitzen!" und „Gefahr – Alle sofort zurück!"	13
4	Fahrzeugaufstellung	14
5	Einsatzablauf in Gruppe, Staffel und Selbstständigem Trupp	15
5.1	Grundsätzliches zum Einsatzablauf	15
5.2	Aufgaben der Mannschaft	15
5.2.1	Aufgaben der Mannschaft beim Einsatz einer Gruppe, einer Staffel oder eines Selbstständigen Trupps	15
5.2.2	Aufgaben der Mannschaft beim Einsatz eines Zuges	17
5.3	Einsatzgrundsätze	17
5.4	Einsatz mit Bereitstellung und Einsatz ohne Bereitstellung	18
5.5	Einsatzablauf	20

5.5.1	Einsatz mit Bereitstellung bei der Wasserentnahme aus Hydranten	20
5.5.2	Einsatz ohne Bereitstellung bei der Wasserentnahme aus Hydranten	24
5.5.3	Wasserentnahme über Saugschläuche aus offenem Gewässer	24
5.5.4	Einsatz mit B-Rohr	28
5.5.5	Einsatz mit Schaumrohr	28
5.5.6	Einsatz mit Schnellangriff	30
5.6	Rücknahme oder Stellungswechsel von Strahlrohren	30
5.7	Abschluss des Einsatzes	31
6	**Einsatz eines Zuges**	32
6.1	Einsatzleitung und Führung des Zuges	32
6.2	Befehl des Zugführers	32
7	**Einsatzablauf im Hilfeleistungseinsatz**	34
7.1	Aufgaben der Mannschaft	34
7.2	Einsatzgrundsätze beim Hilfeleistungseinsatz	35
Anlage		37
Begriffsbestimmungen		37

1 Allgemeines

Die Feuerwehr-Dienstvorschriften gelten für den Einsatz und für die Aus- und Fortbildung. Neben den Feuerwehr-Dienstvorschriften sind insbesondere die Unfallverhütungsvorschrift „Feuerwehren" sowie die hierzu ergangenen Durchführungsanweisungen zu beachten.

Die Feuerwehr-Dienstvorschrift (FwDV) 3 regelt, wie die taktischen Einheiten Selbstständiger Trupp, Staffel, Gruppe und Zug im Lösch- und Hilfeleistungseinsatz arbeiten. Die hier festgelegte Gliederung der taktischen Einheiten gilt darüber hinaus auch für alle anderen Einsatzarten.

Der Löscheinsatz im Sinne dieser Vorschrift ist jede Tätigkeit der Feuerwehr, bei der Strahlrohre vorgenommen werden; beispielsweise der Löschangriff bei einem Brandeinsatz, das Schützen gefährdeter Menschen oder das Schützen gefährdeter Objekte durch Abriegeln, sowie das Niederschlagen, Abdrängen oder Verwirbeln gefährlicher Dämpfe und Gase.

Der Löscheinsatz beinhaltet bei der Vornahme von Strahlrohren auch alle Maßnahmen, die von der taktischen Einheit zum Retten oder zum Schutz von Menschen durchgeführt werden.

Der Hilfeleistungseinsatz im Sinne dieser Vorschrift umfasst Maßnahmen zur Abwehr von Gefahren für Leben, Gesundheit oder Sachen, die aus Explosionen, Überschwemmungen, Unfällen oder ähnlichen Ereignissen entstehen und mit den entsprechenden Einsatzmitteln durchgeführt werden. Er schließt insbesondere das Retten ein.

Retten ist das Abwenden einer Gefahr von Menschen oder Tieren durch
- lebensrettende Sofortmaßnahmen, die sich auf Erhaltung oder Wiederherstellung von Atmung, Kreislauf und Herztätigkeit richten und/oder durch
- Befreien aus einer lebens- oder gesundheitsgefährdenden Zwangslage.

Die Dienstvorschrift beschränkt sich bewusst auf solche Festlegungen, die für einen geordneten Einsatzablauf der taktischen Einheiten und die Ausbildung der Feuerwehrangehörigen unbedingt erforderlich sind.

Der Führer einer taktischen Einheit kann von den Regelungen dieser Feuerwehr-Dienstvorschrift abweichen, wenn dies zur Sicherstellung des Einsatzerfolges erforderlich ist.

Die Funktionsbezeichnungen gelten sowohl für weibliche als auch für männliche Feuerwehrangehörige.

2 Taktische Einheiten

Taktische Einheiten bestehen aus der Mannschaft und den Einsatzmitteln.

Entsprechend der Mannschaftsstärke gibt es die taktischen Einheiten
- Selbstständiger Trupp,
- Staffel,
- Gruppe und
- Zug.

Die Gruppe ist die taktische Grundeinheit der Feuerwehr.
    Die Einheitsführer der taktischen Einheiten werden Truppführer (eines Selbstständigen Trupps), Staffelführer, Gruppenführer und Zugführer genannt.

8 Taktische Einheiten

2.1 Gliederung der Mannschaft einer Gruppe

Die Mannschaft einer Gruppe gliedert sich in:
- Gruppenführer   1
- Maschinist   1
- Melder   1
- Angriffstrupp   2
- Wassertrupp   2
- Schlauchtrupp   2

Mannschaftsstärke   1/   8/   9

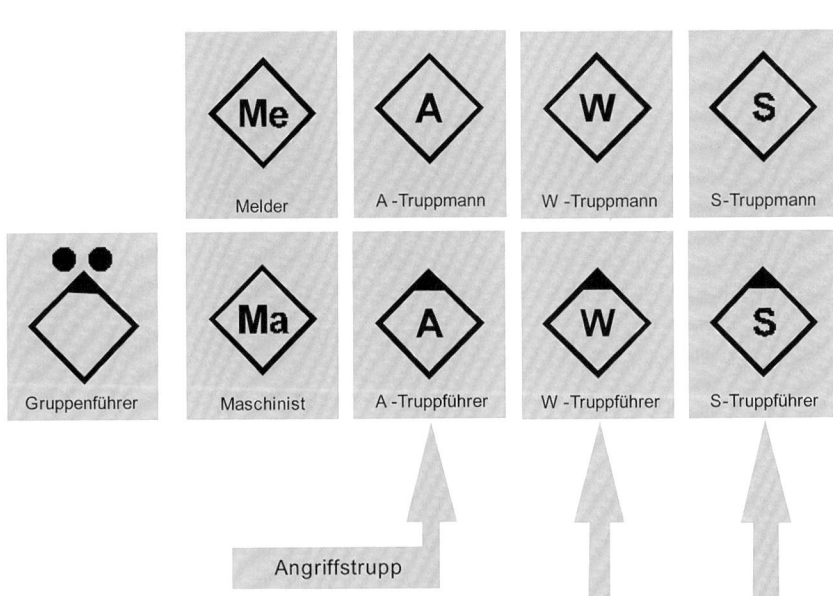

2.2 Gliederung der Mannschaft einer Staffel

Die Mannschaft einer Staffel gliedert sich in:
- Staffelführer   1
- Maschinist   1
- Angriffstrupp   2
- Wassertrupp   2

Mannschaftsstärke   1/   5/   6

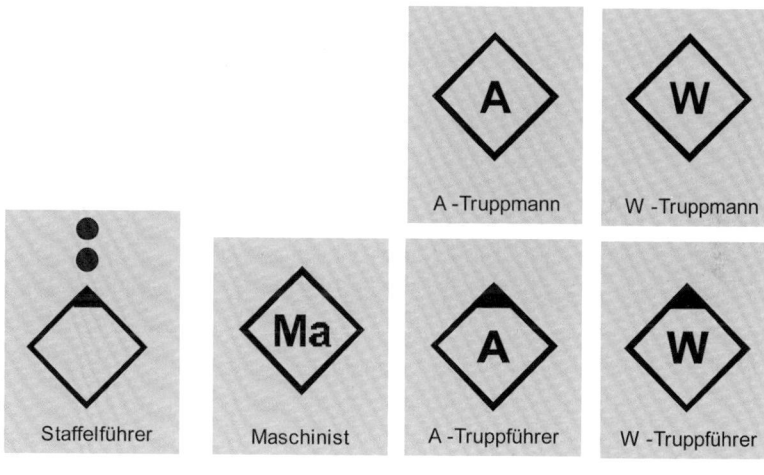

2.3 Gliederung der Mannschaft eines Selbstständigen Trupps

Die Mannschaft eines Selbstständigen Trupps gliedert sich in:
- Truppführer   1
- Maschinist   1
- Truppmann   1

Mannschaftsstärke   1/   2/   <u>3</u>

Im Unterschied zu einem Angriffs-, Wasser- oder Schlauchtrupp innerhalb einer Gruppe oder Staffel handelt es sich beim Selbstständigen Trupp um eine taktische Einheit, die eigenständig eingesetzt werden kann.

Truppmann

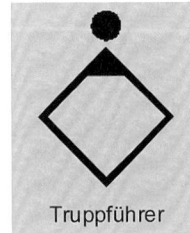
Truppführer

Maschinist

2.4 Gliederung der Mannschaft eines Zuges

Der Zug besteht aus dem Zugführer, dem Zugtrupp als Führungseinheit und aus Gruppen, Staffeln und/oder Selbstständigen Trupps.
  Der Zugtrupp gliedert sich in:
- Führungsassistent   1
- Melder   1
- Fahrer   1

Mannschaftsstärke   1/   2/   <u>3</u>

Der Führungsassistent ist Vertreter des Zugführers.
  Der Zug hat in der Regel eine Mannschaftsstärke von 22.
  Für besondere Aufgaben kann der Zug um einen Trupp, eine Staffel oder eine Gruppe erweitert werden.

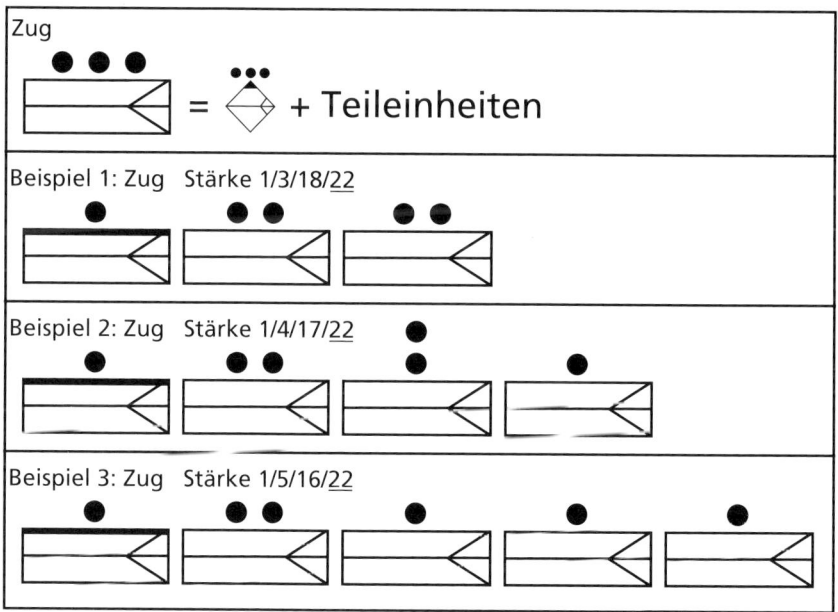

3 Sitz- und Antreteordnung

3.1 Sitzordnung beim Ausrücken oder nach dem Kommando „Aufsitzen!"

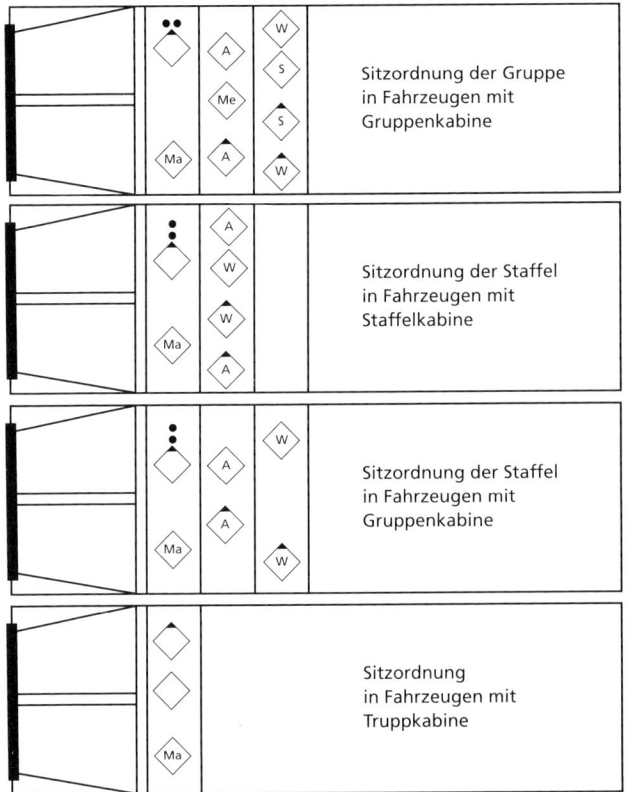

Durch eine andere Anordnung der Atemschutzgeräte im Mannschaftsraum kann sich die Sitzordnung ändern.

3.2 Antreteordnung nach den Kommandos „Absitzen!" und „Gefahr – Alle sofort zurück!"

Die Mannschaft sitzt nach dem Eintreffen an der Einsatzstelle erst ab, nachdem der Einheitsführer das Kommando

„Absitzen!"

gegeben hat. Danach tritt die Mannschaft grundsätzlich hinter dem Fahrzeug wie folgt an:

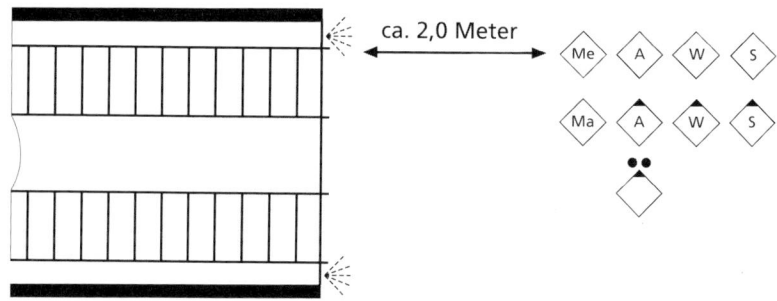

Handelt es sich um eine Staffel oder einen Selbstständigen Trupp ist die Antreteordnung identisch, wobei die im Vergleich zur Gruppe fehlenden Funktionen unbesetzt bleiben.

Zum Schutz vor dem fließenden Verkehr kann es zweckmäßig sein, auf der dem Verkehr abgewandten Seite abzusitzen und an anderer Stelle wie oben abgebildet anzutreten. Die Stelle bestimmt der Einheitsführer.

Nach dem Kommando „Gefahr – Alle sofort zurück!" tritt die Mannschaft in gleicher Aufstellung wie nach dem Kommando „Absitzen!" an.

4 Fahrzeugaufstellung

Beim Eintreffen an der Einsatzstelle und beim Aufstellen der Feuerwehrfahrzeuge und gegebenenfalls der Tragkraftspritze ist sicherzustellen, dass die Fahrzeuge oder die Tragkraftspritze einsatzfähig und ungefährdet bleiben. Dabei sind beispielsweise Windrichtung, Trümmerschatten, fließender Verkehr, Freileitungen, Fahrdrähte und der ausreichende Abstand zum Einsatzobjekt zu beachten.

Der Zugang zur Einsatzstelle und der Einsatzablauf dürfen nicht behindert werden. Insbesondere müssen der Einsatz von Hubrettungsfahrzeugen und das An- und Abfahren von Rettungsdienst-Fahrzeugen jederzeit möglich sein.

An räumlich ausgedehnten Einsatzstellen, bei denen zwischen Löschfahrzeug und Verteiler ungünstige Wegverhältnisse bestehen oder bei denen der Abstand zwischen Löschfahrzeug und Verteiler groß ist – etwa mehr als fünf B-Druckschlauchlängen – sind die erforderlichen Geräte (zum Beispiel Atemschutzgeräte, Strahlrohre, Schläuche, Leitern und Sanitätsgerät) am Platz des Verteilers abzulegen.

5 Einsatzablauf in Gruppe, Staffel und Selbstständigem Trupp

5.1 Grundsätzliches zum Einsatzablauf

Die nachfolgende Aufgabenbeschreibung geht von der Mannschaftsstärke einer Gruppe aus; sie ist die taktische Grundeinheit, die zur Erfüllung der Ersteinsatzmaßnahmen notwendig ist.

Fehlen zunächst Einsatzkräfte innerhalb der Gruppe oder handelt es sich aufgrund des Löschfahrzeuges um eine Staffel oder einen Selbstständigen Trupp, müssen einzelne Aufgaben von anderen Einsatzkräften übernommen werden.

Es wird zuerst auf den Melder, dann auf den Schlauchtrupp und schließlich auf den Wassertrupp vorübergehend verzichtet.

Ein Innenangriff mit Atemschutzgeräten kann nur durchgeführt werden, wenn eine Gruppe oder Staffel an der Einsatzstelle ist. Die Mannschaft eines Selbstständigen Trupps reicht hierfür nicht aus.

5.2 Aufgaben der Mannschaft

5.2.1 Aufgaben der Mannschaft beim Einsatz einer Gruppe, einer Staffel oder eines Selbstständigen Trupps

Der **Einheitsführer**
führt seine taktische Einheit. Er ist an keinen bestimmten Platz gebunden.
Er ist für die Sicherheit der Mannschaft verantwortlich.
Er bestimmt die Fahrzeugaufstellung und gegebenenfalls den Standort der Tragkraftspritze.

Der **Maschinist**

ist Fahrer und bedient die Feuerlöschkreiselpumpe sowie die im Löschfahrzeug eingebauten Aggregate.

Er sichert sofort die Einsatzstelle mit Warnblinkanlage, Fahrlicht und blauem Blinklicht.

Er unterstützt bei der Entnahme der Geräte, ist für die ordnungsgemäße Verlastung der Geräte verantwortlich und meldet Mängel an den Einsatzmitteln dem Einheitsführer.

Der Maschinist unterstützt beim Aufbau der Wasserversorgung und auf Befehl bei der Atemschutzüberwachung.

Der **Melder**

übernimmt befohlene Aufgaben; beispielsweise bei der Lagefeststellung, beim In-Stellung-Bringen der Steckleiter, beim Betreuen von Personen, bei der Informationsübertragung.

Der **Angriffstrupp**

rettet; insbesondere aus Bereichen, die nur mit Atemschutzgeräten betreten werden können. Er nimmt in der Regel das erste einzusetzende Strahlrohr vor.

Der Angriffstrupp setzt den Verteiler. Er verlegt seine Schlauchleitung sofern kein Schlauchtrupp zur Unterstützung bereit steht.

Der **Wassertrupp**

rettet; bringt auf Befehl tragbare Leitern in Stellung, stellt die Wasserversorgung vom Löschfahrzeug zum Verteiler und zwischen Löschfahrzeug und Wasserentnahmestelle her. Er kuppelt den Verteiler an die B-Schlauchleitung an.

Danach wird er beim Atemschutzeinsatz Sicherheitstrupp oder übernimmt andere Aufgaben.

Der **Schlauchtrupp**

rettet; stellt für vorgehende Trupps die Wasserversorgung zwischen Strahlrohr und Verteiler her. Er bringt auf Befehl tragbare Leitern in Stellung und führt weitere Tätigkeiten durch, beispielsweise bedient er den Verteiler, bringt zusätzliche Geräte zum Einsatz (Sprungpolster, Beleuchtungsgerät, Be- und Entlüftungsgerät, Sanitätsgerät usw.).

5.5.2 Aufgaben der Mannschaft beim Einsatz eines Zuges

Der **Zugführer** führt den Zug im Einsatz. Er ist an keinen bestimmten Platz gebunden; er ist über seine Befehlstelle erreichbar.

Die Aufgaben der Einsatzkräfte im Zugtrupp sind:

Der **Führungsassistent** führt Aufträge auf Befehl des Zugführers aus und ist Vertreter des Zugführers.

Der **Melder** ist für die Informationsübertragung zuständig und führt auf Befehl weitere Aufgaben aus.

Der **Fahrer** fährt den Kommando- oder den Einsatzleitwagen und führt auf Befehl weitere Aufgaben aus. Fehlt der Melder, übernimmt der Fahrer dessen Aufgaben.

Die Mannschaft der anderen Einheiten des Zuges arbeitet wie in Abschnitt 5.2.1 beschrieben.

5.3 Einsatzgrundsätze

a) Die Funktionen für Angriffs- und für den Wassertrupp sollen mit Atemschutzgeräteträgern besetzt sein.
b) Der Trupp geht im Gefahrenbereich grundsätzlich gemeinsam vor.
c) Der Truppführer ist für die Auftragserledigung und für die Sicherheit seines Trupps verantwortlich.
d) Einsatzbefehle werden von der beauftragten Einsatzkraft beziehungsweise von dem jeweiligen Truppführer wiederholt.
e) In besonderen Situationen kann ein Trupp personell verstärkt werden.
f) Der Angriffstrupp rüstet sich während der Alarmfahrt auf Befehl mit Atemschutzgeräten aus. Wenn die Atemschutzgeräte sich nicht im

Mannschaftsraum befinden, legt der Angriffstrupp während der Alarmfahrt den Atemanschluss und gegebenenfalls die Feuerschutzhaube an; die Atemschutzgeräte legt er in diesem Fall sofort nach Eintreffen an der Einsatzstelle an.

g) Die Wasserversorgung wird bei Löschfahrzeugen mit Löschwasserbehälter zuerst vom Löschfahrzeug zum Verteiler und danach zwischen Löschfahrzeug und Wasserentnahmestelle verlegt. Bei Löschfahrzeugen ohne Löschwasserbehälter kann dies lagebedingt auch in umgekehrter Reihenfolge erfolgen.

h) Die Wasserversorgung zwischen Löschfahrzeug und Wasserentnahmestelle muss möglichst schnell aufgebaut werden. Mit dem Innenangriff darf erst begonnen werden, wenn eine ständige Wasserabgabe sichergestellt ist, z. B. wenn das mitgeführte Löschwasser bis zum Aufbau einer Löschwasserversorgung ausreicht.

i) Trupps, die ihre Aufgabe erledigt haben und einsatzbereit sind, melden sich beim Einheitsführer.

j) Bemerkt eine Einsatzkraft eine besondere Gefahr (zum Beispiel Einsturz- oder Explosionsgefahr) und ist unverzügliches In-Sicherheit-Bringen notwendig, gibt sie das Kommando „Gefahr – Alle sofort zurück!". Jede Einsatzkraft gibt dieses Kommando weiter; alle gehen zurück und sammeln sich am Feuerwehrfahrzeug. Der Einheitsführer überprüft die Vollzähligkeit der Mannschaft, trifft weitere Maßnahmen und gibt Lagemeldungen.

5.4 Einsatz mit Bereitstellung und Einsatz ohne Bereitstellung

Man unterscheidet in
- Einsatz mit Bereitstellung und
- Einsatz ohne Bereitstellung.

Der Einsatz mit Bereitstellung wird durchgeführt, wenn der Einheitsführer nach dem Eintreffen an der Einsatzstelle die Lage zunächst nur soweit feststellen kann, dass er zwar die Wasserentnahmestelle und die Lage des Verteilers, aber noch nicht den Einsatzauftrag, die Einsatzmittel, das Einsatzziel oder den Einsatzweg bestimmen kann.

Nur wenn ausreichende Informationen zur Bestimmung des Einsatzauftrages vorliegen, befiehlt der Einheitsführer einen Einsatz o h n e Bereitstellung.

Der Befehl für einen Einsatz m i t Bereitstellung enthält:
– Wasserentnahmestelle
– Lage des Verteilers

Er schließt mit dem Kommando: „Zum Einsatz fertig!"

Der Angriffstruppführer wiederholt das Kommando „Zum Einsatz fertig".

Der Befehl für einen Einsatz o h n e Bereitstellung enthält nach einer kurzen Lageschilderung:

Wasserentnahmestelle
Lage des Verteilers

Einheit
Auftrag
Mittel
Ziel
Weg

Der Befehl endet mit dem Kommando: „**Vor!**"

Der beauftragte Truppführer wiederholt seinen Befehl ab „Einheit".

5.5 Einsatzablauf

5.5.1 Einsatz mit Bereitstellung bei der Wasserentnahme aus Hydranten

Gruppenführer, Staffelführer, Truppführer
Der Einheitsführer bestimmt die Fahrzeugaufstellung und gegebenenfalls den Standort der Tragkraftspritze und beginnt mit der Erkundung. Nach Abschluss der ersten Einsatzplanung und einer kurzen Lageschilderung befiehlt er:

Wasserentnahmestelle   Wasserentnahmestelle ...

Lage des Verteilers   Verteiler ...
Einheit
Auftrag
Mittel
Ziel
Weg

        ZUM EINSATZ FERTIG!

Nach dem Befehl setzt er seine Erkundung fort.

Maschinist
Der Maschinist sichert sofort die Einsatzstelle mit Warnblinkanlage, Fahrlicht und blauem Blinklicht ab.

Er nimmt – soweit vorhanden – die fahrbare Schlauchhaspel gegebenenfalls mit Unterstützung des Wassertrupps ab. Er kommandiert hierzu sofort nach der Befehlswiederholung durch den Angriffstruppführer:

   „Wassertrupp zur Schlauchhaspel!"

Der Maschinist unterstützt die Trupps beim Entnehmen der Geräte aus dem Löschfahrzeug.

Anschließend macht er die Feuerlöschkreiselpumpe einsatzbereit. Er kuppelt die Schlauchleitungen an der Feuerlöschkreiselpumpe an, bedient diese sowie die im Löschfahrzeug eingebauten Aggregate.
Der Maschinist unterstützt beim Verlegen der Schlauchleitung.

Melder
Der Melder arbeitet auf Befehl des Gruppenführers.

Angriffstrupp
Der Angriffstruppführer wiederholt das Kommando „Zum Einsatz fertig!"
Der in der Regel mit Atemschutzgeräten ausgerüstete Angriffstrupp setzt den Verteiler. Er legt ausreichend C- Druckschläuche für sich am Verteiler bereit, sofern kein Schlauchtrupp zur Unterstützung bereitsteht.
Bei Fahrzeugen mit bereits an die B-Schlauchleitung angekuppeltem Verteiler nimmt der Angriffstrupp diesen Verteiler vor, sofern die Länge der B-Schlauchleitung ausreicht. Er gibt – im Falle des angekuppelten Verteilers – nach dem Setzen des Verteilers dem Maschinisten das Kommando:

„Wasser Marsch!"

Der Angriffstruppführer meldet dem Einheitsführer:

„Angriffstrupp einsatzbereit!";

er stellt sich am Verteiler bereit.

Wassertrupp
Der Wassertrupp unterstützt gegebenenfalls den Maschinisten bei der Abnahme der fahrbaren Schlauchhaspel und verlegt dann – sofern nicht durch den Angriffstrupp mit angekuppeltem Verteiler bereits geschehen – die B-Schlauchleitung vom Löschfahrzeug zum Verteiler. Er schließt den Verteiler an und gibt dem Maschinisten das Kommando:

„Wasser marsch!"

Der Wassertrupp stellt anschließend die Wasserversorgung zwischen dem Löschfahrzeug und dem Hydranten her.

Der Wassertrupp rüstet sich nun im Falle eines Atemschutzeinsatzes des Angriffstrupps mit Atemschutzgeräten als Sicherheitstrupp aus. Der Wassertruppführer meldet dem Einheitsführer:

„Wassertrupp als Sicherheitstrupp einsatzbereit!".

Schlauchtrupp

Der Schlauchtrupp unterstützt beim Aufbau der Wasserversorgung.

Der Schlauchtrupp legt ausreichend C-Druckschläuche zur Vornahme weiterer Strahlrohre am Verteiler bereit.

Anschließend bedient er den Verteiler und unterstützt andere Trupps bei der Vornahme weiterer Rohre oder erforderlicher Einsatzmittel.

weiterer Einsatzablauf: Vornahme des 1. Rohres

Während die Mannschaft die oben beschriebenen Maßnahmen ausführt, erkundet der Einheitsführer weiter. Sobald er einen weiteren Befehl geben kann und sobald der den Auftrag ausführende Trupp (in der Regel der Angriffstrupp) sich einsatzbereit meldet, gibt der Einheitsführer den nächsten Befehl:

Einheit	Angriffstrupp
Auftrag	zur...
Mittel	mit 1. Rohr /...
Ziel	ins / zum / auf ...
Weg	über / durch ...
	VOR!

Gruppenführer, Staffelführer

Der Einheitsführer setzt seine Erkundung fort.

Angriffstrupp

Der Angriffstruppführer wiederholt den Befehl.

Der Angriffstrupp kuppelt den C-Druckschlauch an den Verteiler an und verlegt die Schlauchleitung vom Verteiler zum befohlenen Ziel, sofern kein Schlauchtrupp zur Verfügung steht. Er stellt ausreichend Schlauchreserve sicher und kuppelt außerhalb des Gefahrenbereichs – spätestens aber an der Rauchgrenze – das Strahlrohr an.

Der Angriffstruppführer gibt nun das Kommando:

„1. Rohr Wasser Marsch!"

Wassertrupp

Der Wassertrupp wird im Falle eines Atemschutzeinsatzes zum Sicherheitstrupp.

Schlauchtrupp

Der Schlauchtrupp unterstützt beim Verlegen der Schlauchleitungen oder bringt weitere erforderliche Einsatzmittel für den vorgehenden Trupp in Stellung.

Der Schlauchtrupp bedient den Verteiler.

Vornahme weiterer Rohre

Weitere Rohre können vorgenommen werden, wenn Trupps einsatzbereit zur Verfügung stehen

Zur Vornahme des 2. oder 3. Rohres befiehlt der Gruppen- oder Staffelführer:

Einheit	... trupp
Auftrag	zur...
Mittel	mit 2. Rohr oder mit 3. Rohr
Ziel	ins / zum / auf ...
Weg	über / durch ...
	VOR!

Der angesprochene ... truppführer wiederholt den Befehl.

Beim Atemschutzeinsatz nimmt der Schlauchtrupp das zweite Rohr vor. Die Ausführung des Befehls erfolgt sinngemäß wie bei der Vornahme des 1. Rohres.

Beim Atemschutzeinsatz muss grundsätzlich die Einsatzbereitschaft des Sicherheitstrupps sichergestellt sein.

Der Melder bedient auf Befehl den Verteiler.

5.5.2 Einsatz ohne Bereitstellung bei der Wasserentnahme aus Hydranten

Der Einsatzablauf beim Einsatz ohne Bereitstellung ist mit dem Ablauf des Einsatzes mit Bereitstellung vergleichbar. Der Einheitsführer gibt jedoch gleich zu Einsatzbeginn den gesamten Befehl. Nach einer kurzen Lageschilderung befiehlt er:

Wasserentnahmestelle	Wasserentnahmestelle ...
Lage des Verteilers	Verteiler ...
Einheit	Angriffstrupp
Auftrag	zur...
Mittel	mit 1. Rohr
Ziel	ins / zum / auf ...
Weg	über / durch ...
	VOR!

Der Angriffstruppführer wiederholt den Befehl ab „Einheit" und die Mannschaft führt dann den Befehl aus.

5.5.3 Wasserentnahme über Saugschläuche aus offenem Gewässer

Bei einem Löscheinsatz mit der Wasserentnahme über Saugschläuche aus offenem Gewässer befiehlt der Einheitsführer in der Regel einen Einsatz mit Bereitstellung:

Nach einer kurzen Lageschilderung befiehlt er:

Wasserentnahmestelle Wasserentnahme offenes Gewässer
Lage des Verteilers Verteiler ...
Einheit
Auftrag
Mittel
Ziel
Weg

ZUM EINSATZ FERTIG!

Maschinist

Der Maschinist sichert sofort die Einsatzstelle mit Warnblinkanlage, Fahrlicht und blauem Blinklicht ab.

Er nimmt – soweit vorhanden – die fahrbare Schlauchhaspel gegebenenfalls mit Unterstützung des Wassertrupps ab. Er kommandiert hierzu sofort nach der Befehlswiederholung durch den Angriffstruppführer:

„Wassertrupp zur Schlauchhaspel!"

Er macht die Feuerlöschkreiselpumpe einsatzbereit.

Der Maschinist unterstützt die Trupps beim Entnehmen der Geräte aus dem Löschfahrzeug, er legt sofort die erforderlichen Kupplungsschlüssel, Saugkorb, Ventilleine, Saugschutzkorb und gegebenenfalls Halteleine an der Wasserentnahmestelle bereit.

Nach dem die Saugleitung gekuppelt ist, und der Wassertruppführer das Kommando „Saugleitung hoch!" gegeben hat, kuppelt der Maschinist die Saugleitung an die Feuerlöschkreiselpumpe an, gibt das Kommando „Fertig!" und schlägt gegebenenfalls die Halteleine an einen Festpunkt an.

Er kuppelt die B-Schlauchleitung an der Feuerlöschkreiselpumpe an, bedient diese sowie die im Löschfahrzeug eingebauten Aggregate.

Melder
Der Melder arbeitet auf Befehl des Gruppenführers.

Angriffstrupp
Der Angriffstruppführer wiederholt das Kommando „Zum Einsatz fertig!".

Der in der Regel mit Atemschutzgeräten ausgerüstete Angriffstrupp setzt den Verteiler und legt ausreichend C-Druckschläuche für sich am Verteiler bereit.

Sofern der Schlauch- und der Wassertrupp noch mit dem Verlegen der Saugleitung beschäftigt sind, verlegt er die B-Schlauchleitung zwischen Löschfahrzeug und Verteiler, kuppelt den Verteiler an die B-Schlauchleitung an und gibt dem Maschinisten das Kommando: „Wasser Marsch!"

Bei Löschfahrzeugen mit bereits an die B-Schlauchleitung angekuppeltem Verteiler nimmt der Angriffstrupp d i e s e n Verteiler vor, sofern die Länge der B-Schlauchleitung ausreicht. Er gibt – im Falle des angekuppelten Verteilers – nach dem Setzen des Verteilers dem Maschinisten das Kommando:

„Wasser Marsch!"

Der Angriffstruppführer meldet dem Einheitsführer:

„Angriffstrupp einsatzbereit!"

Wenn der Schlauchtrupp fehlt und mehr als zwei Saugschläuche verlegt werden, unterstützt der Angriffstrupp den Wassertrupp.

Wassertrupp und Schlauchtrupp
Der Wassertruppführer bestimmt durch Kommando „... Saugschläuche!" die Anzahl der benötigten Saugschläuche.

Der Wassertrupp unterstützt den Maschinisten auf dessen Kommando bei der Abnahme der fahrbaren Schlauchhaspel.

Beim Einsatz einer Tragkraftspritze entnehmen der Wassertrupp und der Schlauchtrupp die Tragkraftspritze und bringen sie in Stellung.

Werden mehr als zwei Saugschläuche benötigt, wird der Wassertrupp vom Schlauchtrupp unterstützt. Sonst verlegt der Wassertrupp die Saugleitung selbst und der Schlauchtrupp übernimmt seine Aufgaben, wie beim „Einsatz mit Bereitstellung bei der Wasserentnahme aus dem Hydranten".

Bei mehr als zwei Saugschläuchen legen Wasser- und Schlauchtrupp die Saugschläuche zwischen Feuerlöschkreiselpumpe und Wasserentnahmestelle – gegebenenfalls neben dem Löschfahrzeug – ab.

Der Wassertrupp kuppelt, beginnend am Saugkorb; der Schlauchtrupp unterstützt.

Sobald alle Saugschläuche gekuppelt, die Ventil- und gegebenenfalls die Halteleine angebracht sind, kommandiert der Wassertruppführer „Saugleitung hoch!"

Wassertrupp, Schlauchtrupp und Maschinist heben die Saugleitung hoch. Der Maschinist kuppelt die Saugleitung an der Feuerlöschkreiselpumpe an und gibt das Kommando „Fertig!".

Hiernach kommandiert der Wassertruppführer „Saugleitung zu Wasser!"

Die Trupps bringen die Saugleitung zu Wasser.

Der weitere Einsatzablauf erfolgt wie beim Einsatz mit Bereitstellung bei Wasserentnahme aus Hydranten.

5.5.4 Einsatz mit B-Rohr

Der Einheitsführer erkundet die Lage und bestimmt die Fahrzeugaufstellung und gegebenenfalls den Standort der Tragkraftspritze. Nach einer kurzen Lageschilderung befiehlt er:

Wasserentnahmestelle	Wasserentnahmestelle ...
Lage des Verteilers	Verteiler ...
Einheit	Angriffstrupp
Auftrag	zur...
Mittel	mit B-Rohr
Ziel	ins / zum / auf ...
Weg	über / durch ...
	VOR!

Der Einsatzablauf erfolgt sinngemäß wie bei der Vornahme des 1. Rohres; abweichend davon gilt:
- Der Angriffstrupp rüstet sich mit BM-Strahlrohr und Stützkrümmer aus.
- Bei Verwendung von *B-Rollschläuchen* verlegen der Angriffstrupp und der Schlauchtrupp die B-Schlauchleitung bis zum befohlenen Ziel beziehungsweise bis zum Angriffstrupp.
- Bei Verwendung der *fahrbaren Schlauchhaspel* verlegt der Wassertrupp die B-Schlauchleitung bis zum befohlenen Ziel beziehungsweise bis zum Angriffstrupp und kuppelt den Verteiler ein.

5.5.5 Einsatz mit Schaumrohr

Der Gruppen- oder Staffelführer erkundet die Lage und bestimmt die Fahrzeugaufstellung und gegebenenfalls den Standort der Tragkraftspritze. Nach einer kurzen Lageschilderung befiehlt er:

Wasserentnahmestelle	Wasserentnahmestelle ...
Lage des Verteilers	Verteiler ...
Einheit	Angriffstrupp
Auftrag	zur...
Mittel	mit Mittel- / Schwerschaumstrahlrohr
Ziel	zum / auf ...
Weg	über / durch ...
	VOR!

Der Einsatzablauf erfolgt sinngemäß wie bei der Vornahme des B-Rohres; abweichend davon gilt:

Angriffstrupp

Der Angriffstruppmann rüstet sich mit Schaumstrahlrohr aus.

Der Angriffstrupp setzt den Verteiler. Er stellt den Zumischer, zwei Schaummittelbehälter und den D-Ansaugschlauch dort ab, sofern kein Schlauchtrupp zur Unterstützung bereitsteht.

Wassertrupp

Bei Fehlen des Schlauchtrupps bedient der Wassertrupp den Zumischer und den Verteiler. Er bringt weitere Schaummittelbehälter vor.

Schlauchtrupp

Der Schlauchtrupp bringt den Zumischer, den D-Ansaugschlauch und Schaummittelbehälter vor.

Er kuppelt den Zumischer in die Schlauchleitung ein. Er stellt mit dem D-Ansaugschlauch die Verbindung zwischen Zumischer und Schaummittelbehälter her.

Der Schlauchtruppführer bedient den Zumischer; der Schlauchtruppmann stellt die Verfügbarkeit des Schaummittels am Zumischer sicher.

5.5.6 Einsatz mit Schnellangriff

Der Einheitsführer erkundet die Lage und bestimmt die Fahrzeugaufstellung. Nach einer kurzen Lageschilderung befiehlt er:

Wasserentnahmestelle	Wasserentnahmestelle
Lage des Verteilers	
Einheit	Angriffstrupp
Auftrag	zur...
Mittel	mit Schnellangriff Wasser / Schaum
Ziel	zum / auf ...
Weg	
	VOR!

Der Angriffstruppführer wiederholt den Befehl. Der Angriffstrupp geht mit dem Schnellangriff vor. Ein weiterer vom Einheitsführer beauftragter Trupp unterstützt ihn dabei.

Der Schnellangriff wird in der Regel vorgenommen, wenn
– kein weiteres Rohr vorgenommen werden muss
und
– die Länge der Schnellangriffsleitung ausreicht.

5.6 Rücknahme oder Stellungswechsel von Strahlrohren

Der Einheitsführer befiehlt die Rücknahme oder den Stellungswechsel von Strahlrohren:

„...trupp;... Rohr zurück!" oder „...trupp;...-Strahlrohr Stellungswechsel nach...!"

Der Führer des angesprochenen Trupps kommandiert:

„...Rohr Wasser halt!"

Die Einsatzkraft am Verteiler schließt langsam den entsprechenden Abgang. Anschließend nimmt der beauftragte Trupp den Stellungswechsel vor und der…truppführer gibt das Kommando:

„…Rohr Wasser marsch!".

Bei der Rücknahme von Rohren kuppelt der angesprochene Trupp den entsprechenden Druckschlauch ab. Er legt alle Geräte und Schläuche am Verteiler ab.

Zurückgerufene Trupps sammeln sich am Verteiler und können erneut eingesetzt werden.

5.7 Abschluss des Einsatzes

Der Einheitsführer befiehlt:

„Zum Abmarsch fertig!"

Der Maschinist schaltet die Feuerlöschkreiselpumpe ab und kuppelt die Schlauchleitungen ab. Die Einsatzkraft am Verteiler kuppelt alle Druckschläuche ab. Alle Geräte und Druckschläuche werden gemeinsam zum Löschfahrzeug gebracht.

Nach Beendigung eines Schaumeinsatzes sind die hierbei verwendeten Druckschläuche, der Zumischer mit D-Ansaugschlauch und das Schaumstrahlrohr gründlich zu spülen.

Die benutzte Wasserentnahmestelle ist wieder in ordnungsgemäßen Zustand zu bringen.

Die Mannschaft tritt am Löschfahrzeug an, der Maschinist überzeugt sich, ob alle Geräte vorhanden, sicher gelagert und sämtliche Geräteräume geschlossen sind und ob das Löschfahrzeug fahrbereit ist. Er meldet daraufhin dem Einheitsführer:

„Fahrzeug fahrbereit!"

oder er meldet dem Einheitsführer welche Einsatzmittel nicht einsatzbereit sind.

6 Einsatz eines Zuges

6.1 Einsatzleitung und Führung des Zuges

Der Zug kann als selbstständige Einheit zur umfassenden, eigenverantwortlichen Schadenbekämpfung eingesetzt werden. Der Zugführer ist dann Einsatzleiter und leitet die Schadenbekämpfung eigenverantwortlich.

Der Zug kann auch gemeinsam mit anderen taktischen Einheiten unter Leitung eines übergeordneten Einsatz- oder Einsatzabschnittsleiters eingesetzt werden. Der Zugführer führt dann seinen Zug zur Erfüllung des zugewiesenen Auftrages.

Die dem Zug angehörenden Einheitsführer melden sich nach dem Eintreffen an der Einsatzstelle beim Zugführer. Sie erhalten von diesem den Befehl für ihre Einheit. Gegebenenfalls erkundet der Zugführer – soweit erforderlich gemeinsam mit den nachgeordneten Einheitsführern – zuvor die Einsatzstelle.

6.2 Befehl des Zugführers

Der Inhalt eines jeden Befehls muss kurz und klar sein. Er soll das enthalten, was die nachgeordneten Einheitsführer zur Erfüllung der ihnen gestellten Aufgabe wissen müssen.

Der Befehl eines Zugführers muss mindestens enthalten:

- **Einheit**
- **Auftrag**

Die vom Gruppen-, Staffel- und Truppführer häufig verwendeten, weil bei deren Befehlen notwendigen Befehlselemente „Mittel", „Ziel" und „Weg"

sollen vom Zugführer im Sinne der Auftragstaktik nur dann verwendet werden, wenn sie zur Klarheit beitragen.
Für die Erfüllung der Aufgaben kann es erforderlich sein weitere wichtige Informationen zu geben und das Befehlsschema um folgende Befehlselemente zu ergänzen:

- **Lage** (Schadenereignis/Gefahrenlage, Möglichkeiten zur Schaden- und Gefahrenabwehr; Zuteilung, Unterstellung, Abgabe von Einsatzkräften)
- **Durchführung** (Eigene Absicht, Aufträge an die einzelnen Einheiten, Zusammenarbeit mit anderen Kräften und Koordinierung, Bereitstellung von Sicherheitstrupps für andere Einheiten, Einsatzabschnittsgrenzen, Zeitangaben, Schutzmaßnahmen)

Informationen über die „Lage" und zur „Durchführung" sind insbesondere sinnvoll, wenn die nachgeordneten Einheitsführer keinen umfassenden Lageüberblick haben oder als nachrückende Einheiten eingesetzt werden und sollten dem Befehl vorausgehen.

- **Versorgung** (Verpflegung, Atemschutzgeräte, Betriebsstoffe, Materialerhaltung, medizinische Versorgung)
- **Führung und Kommunikationswesen** (Kommunikationsverbindungen und Meldewesen, Meldeköpfe, Befehlsstellen, Standort der oder des Führenden beziehungsweise der Befehlsstelle, Erreichbarkeit)

7 Einsatzablauf im Hilfeleistungseinsatz

7.1 Aufgaben der Mannschaft

Der Einheitsführer
führt seine taktische Einheit. Er ist an keinen bestimmten Platz gebunden.
  Er ist für die Sicherheit der Mannschaft verantwortlich.
  Er bestimmt die Fahrzeugaufstellung, die Ordnung des Raumes und ggf. die Standorte von Aggregaten.

Der Maschinist
ist Fahrer und bedient die Aggregate.
  Er sichert sofort die Einsatzstelle mit Warnblinkanlage, Fahrlicht und blauem Blinklicht.
  Er unterstützt bei der Entnahme und ggf. Bereitstellung der Geräte, ist für die ordnungsgemäße Verlastung verantwortlich und meldet Mängel an den Einsatzmitteln an den Einheitsführer.

Der Melder
übernimmt befohlene Aufgaben; beispielsweise bei der Lagefeststellung, beim In-Stellung-Bringen der Einsatzmittel, beim Betreuen von Personen, bei der Informationsübertragung.

Der Angriffstrupp
rettet, führt bis zur Übergabe an den Rettungsdienst die Erstversorgung (mindestens Erste Hilfe) durch, leistet technische Hilfe.
  Steht der Schlauchtrupp nicht zur Verfügung, so bringt der Angriffstrupp seine Einsatzmittel selbst vor.

Der Wassertrupp

sichert auf Befehl die Einsatzstelle gegen weitere Gefahren und nimmt die hierfür erforderlichen Einsatzmittel vor. Danach steht er für weitere Aufgaben zur Verfügung.

Der Schlauchtrupp

bereitet die befohlenen Geräte für den Angriffstrupp vor. Soweit erforderlich, unterstützt er den Angriffstrupp und betreibt die zugehörigen Aggregate. Ist der Angriffstrupp durch die Erstversorgung verletzter und/oder in Zwangslage befindlicher Personen gebunden, so setzt der Schlauchtrupp die befohlenen Geräte ein.

Auf Befehl übernimmt er zusätzliche Sicherungsmaßnahmen oder andere Aufgaben.

7.2 Einsatzgrundsätze beim Hilfeleistungseinsatz

a) Die Eigensicherung ist zu beachten!
b) Eine zu rettende Person soll bis zur Übergabe an den Rettungsdienst nicht ohne Betreuung sein. Eine Erkundung sollte daher nicht alleine erfolgen.
c) Die Erstversorgung (mindestens Erste Hilfe) hat oberste Priorität.
d) Die Rettung sollte unter Beachtung der rettungsdienstlichen Erfordernisse erfolgen.
e) An Einsatzstellen muss insbesondere vor folgenden Gefahren gesichert werden:
   - fließendem Verkehr
   - Nachsacken, Wegrutschen oder Wegrollen auf Grund unkontrollierter Bewegungen von Lasten
   - Brandgefahr
   - herabfallenden Teilen
   - Dunkelheit
   - Betriebsstoffen und Energieversorgung

f) Auf die Beseitigung von weiteren Gefahren, sowie die Kennzeichnung und die Absperrung von besonderen Gefahrenstellen innerhalb des Arbeitsbereiches ist zu achten.
g) Zur Ordnung des Raumes werden ein Absperr- und ein Arbeitsbereich festgelegt. Des Weiteren werden eine Ablagefläche für Einsatzmittel und eine Ablagefläche für aus dem Arbeitsbereich entfernte Gegenstände eingerichtet.

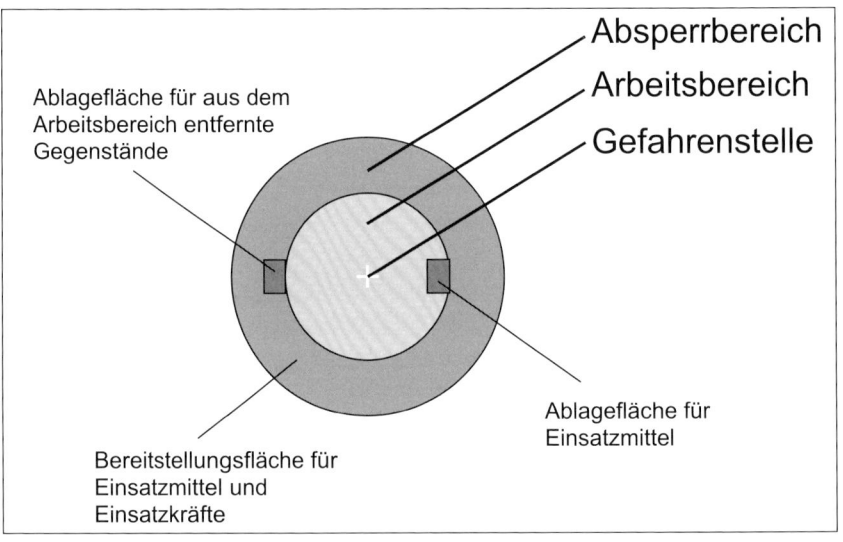

h) Die persönliche Schutzausrüstung ist den jeweiligen Erfordernissen des Einsatzes anzupassen.
i) Für Einsätze, bei denen mit unzureichender Wasserversorgung zu rechnen ist (z. B. Autobahneinsatz), ist ein Feuerwehrfahrzeug mit ausreichendem Löschmittelvorrat mitzuführen.

Anlage

Begriffsbestimmungen

Absperrbereich
Der Absperrbereich ist Aufstellungs-, Bewegungs- und Bereitstellungsfläche für Einsatzkräfte und Einsatzmittel.

Arbeitsbereich
Der Arbeitsbereich ist der Bereich, in dem die Maßnahmen der Einsatzkräfte zur Beseitigung der Gefahren (unmittelbar an der Gefahrenstelle) durchgeführt werden.

Befehlsstelle
Die Befehlsstelle ist eine ortsfeste oder bewegliche Einrichtung zur Unterstützung der Führungskräfte bei ihren Führungsaufgaben. Die Befehlstelle ist Sitz des Einsatzleiters, des Einsatzabschnittsleiters oder des Zugführers.

Einheitsführer
Einheitsführer ist die Sammelbezeichnung einer für die Einheit und den Einsatz verantwortlichen Führungskraft. Es gibt die Einheitsführer: Truppführer, Staffelführer, Gruppenführer und Zugführer.

Einsatzkräfte
Einsatzkräfte sind alle im Einsatz tätigen Mannschaften mit ihren Einsatzmitteln und die Hilfskräfte.

Einsatzmittel
Einsatzmittel sind Fahrzeuge, Geräte und Materialien, die die Einsatzkräfte zur Auftragserfüllung benötigen.

Erstversorgung
In Abhängigkeit von der fachlichen Qualifikation der Einsatzkraft wird bis zur Übergabe an den Rettungsdienst mindestens die Leistung von Erster Hilfe und Betreuung durchgeführt.

Gruppe
Die Gruppe ist eine taktische Einheit, deren Mannschaft aus einem Gruppenführer und acht weiteren Einsatzkräften besteht (1/8/9).

Die Mannschaft einer Gruppe gliedert sich in Gruppenführer, Maschinist, Melder, Angriffstrupp, Wassertrupp und Schlauchtrupp.

Mannschaft
Mannschaft sind die für die Bewältigung der Einsatzaufgaben ausgebildeten Personen einschließlich ihrer Führungskräfte.

Selbstständiger Trupp
Der Selbstständige Trupp ist eine taktische Einheit, deren Mannschaft aus einem Truppführer und zwei weiteren Einsatzkräften besteht (1/2/3).

Die Mannschaft eines Selbstständigen Trupps gliedert sich in Truppführer, Truppmann und Maschinist.

Im Unterschied zu dem Angriffs-, Wasser- oder Schlauchtrupp innerhalb einer taktischen Einheit handelt es sich beim Selbstständigen Trupp um eine taktische Einheit, die eigenständig Einsatzaufgaben bewältigen kann.

Sicherheitstrupp
Der Sicherheitstrupp ist ein mit Atemschutzgeräten ausgerüsteter Trupp, dessen Aufgabe es ist, bereits eingesetzten Atemschutztrupps im Notfall unverzüglich Hilfe zu leisten.

Sicherheitstrupps können auch mit zusätzlichen Aufgaben betraut werden, solange sie in der Lage sind, jederzeit ihrer eigentlichen Aufgabe gerecht zu werden und der Einsatzerfolg dadurch nicht gefährdet ist.

Staffel
Die Staffel ist eine taktische Einheit, deren Mannschaft aus einem Staffelführer und fünf weiteren Einsatzkräften besteht (1/5/<u>6</u>).

Die Mannschaft einer Staffel gliedert sich in Staffelführer, Maschinist, Angriffstrupp und Wassertrupp

Taktische Einheit
Taktische Einheit ist eine organisatorische Einheit einschließlich ihrer Führung. Sie besteht aus der Mannschaft und den zugehörigen Einsatzmitteln.

Taktische Einheiten dienen der Ordnung an Einsatzstellen nach Verantwortungs- und Aufgabenbereichen. Die Größe der Einheit bemisst sich nach der Stärke der ihr angehörenden Mannschaft.

Taktische Grundeinheit ist die Gruppe.

Taktische Einheiten sind: Selbstständiger Trupp, Staffel, Gruppe und Zug.

Trupp
Der Trupp ist eine Einheit innerhalb einer Gruppe oder einer Staffel. Er wird Angriffstrupp, Wassertrupp oder Schlauchtrupp genannt.

Der Trupp besteht aus zwei Einsatzkräften: dem...truppführer und dem...truppmann.

Zug
Der Zug ist eine taktische Einheit. Sie besteht aus dem Zugführer, dem Zugtrupp als Führungseinheit und aus Gruppen, Staffeln und/oder Selbstständigen Trupps.

Der Zug hat in der Regel eine Mannschaftsstärke von 22.

Für besondere Aufgaben kann der Zug um einen Trupp, eine Staffel oder eine Gruppe erweitert werden.

Zugtrupp

Der Zugtrupp ist die Führungseinheit des Zuges.

Der Zugtrupp gliedert sich in Führungsassistent, Melder und Fahrer.